欢迎来到
怪兽学园

_____ 同学，开启你的**探索**之旅吧！

主角人物　阿思　阿麦

献给亲爱的衡衡和柔柔，以及所有喜欢数学的小朋友。

——李在励

献给我的女儿豆豆和暄暄，以及一起努力的孩子们！

——郭汝荣

图书在版编目（CIP）数据

超级数学课 . 5，波波的生日派对 / 李在励著；郭汝荣绘 . —北京：北京科学技术出版社，2023.12
（怪兽学园）

ISBN 978-7-5714-3349-9

Ⅰ. ①超… Ⅱ. ①李… ②郭… Ⅲ. ①数学—少儿读物 Ⅳ. ① O1-49

中国国家版本馆 CIP 数据核字（2023）第 210381 号

策划编辑：吕梁玉	**电　话**：0086-10-66135495（总编室）
责任编辑：金可砺	0086-10-66113227（发行部）
封面设计：天露霖文化	**网　址**：www.bkydw.cn
图文制作：杨严严	**印　刷**：北京利丰雅高长城印刷有限公司
责任印制：李　茗	**开　本**：720 mm×980 mm　1/16
出 版 人：曾庆宇	**字　数**：25 千字
出版发行：北京科学技术出版社	**印　张**：2
社　　址：北京西直门南大街 16 号	**版　次**：2023 年 12 月第 1 版
邮政编码：100035	**印　次**：2023 年 12 月第 1 次印刷
ISBN 978-7-5714-3349-9	

定　　价：200.00 元（全 10 册）

怪兽学园 超级数学课

5波波的生日派对

植树问题　　李在励◎著　郭汝荣◎绘

北京科学技术出版社
100层童书馆

今天是小怪兽波波的生日，阿麦和阿思准备为她办一场充满惊喜的生日派对。他们用漂亮的丝带和形状特别的气球精心装饰了房间，还准备了一个超级无敌的大蛋糕。

阿麦用彩纸剪了7面三角形的旗子，每面旗子上都写了一个字，连起来是"祝波波生日快乐"。阿麦想把它们贴在墙上。

为了美观，我们让这些旗子下面的角都相隔 5 格吧。

祝 波 波 生 日 快 乐

5 格

阿麦和阿思一个数格子，一个贴旗子，很快就完成了任务。

看着漂亮的旗子，爱动脑筋的阿思问了阿麦一个问题："你知道从第一面旗子下面的那个角到最后一面旗子下面的那个角有多少格吗？"

这太简单了！每两面旗子相隔5格，一共有7面旗子，5乘7等于35，所以一共有35格。

真的吗？那你来数一数，看看你说的对不对。

祝 波 波 生 日 快 乐

1、2、3、4……29、3

阿麦信心满满地数了起来。数完旗子，他疑惑地问："咦，怎么会少了呢，才30格？"

阿思忍不住笑了起来，解释说："我是想在旗子之间装饰气球时才想到这个问题的。如果每两面旗子之间装饰一个气球，你数数要几个气球呢？"

祝 波 波 生 日 快 乐
1　2　3　4　5　6

1、2、3、4、5、6！

　　阿麦对着墙认真数起来："1、2、3、4、5、6！6个气球就够了。"

　　阿思点点头说："是的，7面旗子之间有6个间隔，所以从第一面旗子下面的那个角到最后一面旗子下面的那个角有5×6=30，30格。"

5×6=30（格）

9

弄明白一共需要6个气球之后，两个小怪兽便开始分工协作：阿思负责吹气球，阿麦则负责把一个个气球装饰在旗子之间。阿麦边装饰气球边唱起女明星莎莎的成名曲《咕咚之歌》。唱着唱着，阿麦忍不住扭动起身体。

到第 5 个气球时，阿麦一不小心从椅子上摔了下来。他下意识地想抓住什么，结果扯下来一面旗子。阿思连忙上前查看，在确认阿麦没有受伤之后，他们犯了难，因为阿麦把一面写着"波"的旗子扯坏了！

祝 波 生 日 快 乐

阿麦望着手中扯坏的旗子，愧疚地说："对不起，阿思。"

阿思没有生气，安慰他说："没关系，阿麦，我已经想好了补救的办法！"

阿思一边说一边爬上梯子，取下了另一面写着"波"字的旗子，把它翻过来，在背面写了"波波"两个字。

"看，这样问题就解决了！"

但是，一个新问题出现了：旗子的数量变成了6面，需要重新调整它们的位置。

阿思并没有慌乱，为了节省时间，他决定使两端旗子的位置保持不变，通过调整中间旗子的位置来解决这个问题。

30 ÷ 5 = 6（格）

向来不爱思考的阿麦也开始计算：原来有 7 面旗子，6 个间隔。现在有 6 面旗子，那么就有 5 个间隔。而 30 格的总数没有变……

"我明白啦！只要用 30 除以 5，就能得出调整后旗子之间的格子数，30÷5=6，是 6 格！"

于是，阿麦开始按照自己计算出的格子数，重新排列中间的旗子。很快，旗子之间的间隔被调整成了 6 格。

两个小怪兽刚刚布置好房间，他们的朋友波波就如约出现了。波波看到阿麦和阿思为她布置的房间，开心地跳起来。

波波今天穿了一条漂亮的花裙子，波波的爸爸妈妈拿起相机，为他们三个拍了一张照片。

转眼就到了吃蛋糕的时间，阿麦已经迫不及待了，他期待地望向门口。

　　阿思推着小车走进来，小车上是他们为波波准备的超级无敌大蛋糕！

　　这个大蛋糕的中间是用果酱画的波波头像，蛋糕的边缘还有奶油花。今天是波波的 6 岁生日，所以阿麦和阿思还专门准备了 6 根怪兽形状的蜡烛。

　　"波波，就由你这个小寿星来插蜡烛吧！"波波妈妈说道。
　　"这么漂亮的果酱画，我真不忍心破坏它！"波波说，"阿麦和阿思，你们帮我想想怎么插蜡烛最好看吧。"

阿麦想了想说："我觉得在蛋糕边缘插一圈比较好。阿思，你说呢？"

"我同意，可以插在白色奶油花之间，这样就不会破坏蛋糕上的画像了。"阿思说。

你们的主意真棒！这样我的画像就被生日蜡烛围在中间了。

我们先数数奶油花有多少朵吧，尽量保证每根蜡烛之间的奶油花一样多。

"我来我来，数数我在行！"阿麦迫不及待地说，"1、2、3……18，一共有18朵奶油花。"

我今天6岁了，要插6根蜡烛，每隔几朵花插一根蜡烛才好看呢？

阿麦想到了旗子的事，有点儿为难地说："我们刚才发现7面旗子间有6个间隔，6面旗子间有5个间隔。按这个规律推算，6根蜡烛间应该有5个间隔，但18朵花没办法平均分呀。"

$$18 \div 5 = ?$$

无法平均分，怎么办呢？

阿思看看波波手里的蜡烛，又看看蛋糕上的奶油花，笑了起来，对波波说："每隔3朵奶油花插一根蜡烛试试吧！"

波波按照阿思的建议，先在两朵奶油花之间插了一根蜡烛，然后每隔3朵插一根，很快蜡烛都插好了。6根怪兽蜡烛和18朵奶油花环绕着波波的画像，蛋糕看起来更漂亮了。

阿麦看着蛋糕惊讶地问："咦，为什么和我算的不一样呢？"

你们想一想旗子和奶油花排列的样子有什么不同呢?

旗子连成一条线。

奶油花围成一个圈。

是的,这就是奥秘所在!旗子连成一条线,间隔数比旗子数少1;而奶油花围成一个圈,首尾相连,所以间隔数和奶油花数一样。有6根蜡烛就应该有6个间隔,18朵奶油花平均分成6份,每份应该是3朵,我就是这样算出来的。

18÷6=3(朵)

大家都给阿思鼓掌。"阿思，你真是太聪明了！"波波说。

"没什么啦，波波还是赶快吹蜡烛、吃蛋糕吧。"阿思有点儿不好意思。小怪兽们开开心心地点燃蜡烛，唱起生日歌。波波许了愿，过了一个完美的生日。

　　植树问题通常指沿着一定的线路每隔一定的距离植树，这段线路的长度叫总长，相邻两棵树之间的距离叫段长，树把线路分成的间隔数叫段数，种的树的数量叫棵数。植树问题就是研究它们之间关系的问题。由于线路不同、植树要求不同，它们之间的关系也不同。在公路上架设电线杆、锯木头等都可以看作植树问题。问题的关键在于线路是开放的还是封闭的，是在线路两端都植树、只在一端植树还是两端都不植树。画图是很好的分析方法。本书讨论了在直线两端都植树和在封闭线路植树这两种情况。

一端植树

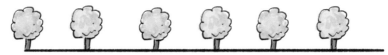

棵数 = 段数 = 总长 ÷ 段长

总长 = 段长 × 段数

段长 = 总长 ÷ 段数

两端不植树

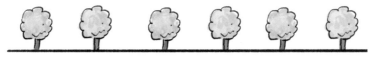

棵数 = 段数 − 1

两端均植树

棵数 = 段数 +1 （如前面故事中的旗子数）

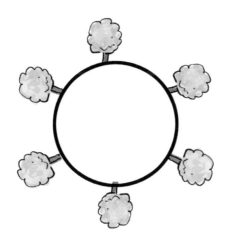

棵数 = 段数 （如前面故事中的蜡烛数）

拓展练习

1. 一条路上每隔 10 米有一根电线杆，包括道路两端的电线杆在内一共有 10 根电线杆，这条路有多长？

2. 把一根木头锯成 5 段，需要锯几次？

3. 在一个圆形花坛的周围摆花，花坛周长 18 米，每隔 2 米摆一盆，一共需要几盆花？

1. 90米。 2. 4次。 3. 9盆。